U0201944

OCEAN

洋

进子 / 编

化学工业出版社
·北京·

图书在版编目（CIP）数据

海洋/进子编.—北京：化学工业出版社，2023.1
（藏在书架里的百科知识）
ISBN 978-7-122-42412-9

Ⅰ.①海… Ⅱ.①进… Ⅲ.①海洋-少儿读物
Ⅳ.①P7-49

中国版本图书馆CIP数据核字(2022)第198744号

责任编辑：龙　婧　　　　责任校对：边　涛

出版发行：化学工业出版社（北京市东城区青年湖南街13号　邮政编码100011）
印　　装：北京尚唐印刷包装有限公司
889mm×1194mm　1/16　印张5　　2023年4月北京第1版第1次印刷

购书咨询：010-64518888　　售后服务：010-64518899
网　　址：http://www.cip.com.cn
凡购买本书，如有缺损质量问题，本社销售中心负责调换。

定　　价：58.00元

前言

嘿，欢迎来到海洋世界！海洋是地球上最大的生命基地，地球表面超过70%的面积都是海洋。最初的生命在这里诞生，如今，海洋依然孕育着不可计数的生物。

海洋在地球上已经存在了很久很久，在漫长的时间里，关于海洋的秘密越来越多。你也许会好奇，海洋是从哪里来的？海洋中生活着哪些生物？神秘幽深的海底是什么样的？面对可怕的海洋灾害，我们应该怎么做？

怎么样，面对海洋，你是不是也满脑袋问号呢？那还等什么，跟我们一起走进《海洋》一书，去揭开那些关于海洋的秘密吧。

目录

海洋从哪里来?

如果你从太空中看地球，那你就会发现地球表面超过 70% 的部分是海洋，它让地球看起来更像是一颗水球。那么，辽阔的海洋究竟从何而来呢?

哗啦啦的大雨

地球刚诞生时，地震和火山爆发经常发生。在剧烈的地质运动中，大量水蒸气、二氧化碳等气体被“挤”出了地表，飘到了空中，经过漫长岁月的积累，逐步形成原始大气层。就这样，大气越来越重，渐渐托不住海量的水分，雨水倾盆而下，这场雨下了很久很久，旷日持久的降雨落到地球表面低洼的地方，就形成了江河、湖泊和海洋。原始海洋就这样形成了。

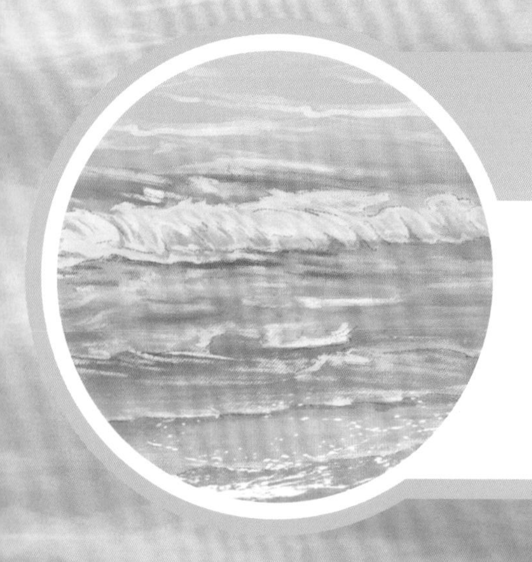

海和洋，不一样

“海”“洋”常常作为一个词语一起出现，很多人便以为海和洋是一回事。但其实，海是海，洋是洋，它们之间有密切的联系，却并不一样。

海和洋

一般来说，海洋的中心部分称“洋”，边缘部分称“海”。世界上有四个大洋：太平洋、印度洋、大西洋、北冰洋。而海按所处位置的不同，可以分为边缘海、陆间海和内陆海。全球的海与洋彼此沟通，构成统一的水体。

大洋是中心

大洋是海洋的主体，占海洋总面积的89%左右，深度通常在2000～3000米以上，甚至可以达到10000多米。我们追逐过大海，却未必接触过大洋。大洋距离陆地比较远，受陆地的影响比较小，水也更加蔚蓝、透明。

大海在边缘

和大洋相比，海的面积其实很小，只占海洋总面积的11%左右。海的深度从几米到两三千米不等，一般小于2000～3000米。大海与陆地相接，是海洋的边缘。海水的深浅、温度、盐度、颜色和透明度会因为陆地环境的不同而产生变化，比如我国北方地区的渤海会在冬季结冰，江河入海口处的海水有很多泥沙，等等。

潮汐：海洋在呼吸

海水有涨有落，涨潮时海水上升，淹没了海滩；落潮时海水退去，海滩再次显露出来。这样的场景仿佛是海洋在呼吸。对此，你不必过于惊奇，这只是一种名为“潮汐”的自然现象而已。

潮与汐

“潮汐”这个词和“海洋”一样，是潮和汐的总称。白天，海水的涨落是“潮”；夜晚，海水的涨落是“汐”。在每个月农历初一、十五左右会出现一次大潮；农历初八、二十三左右会出现一次小潮。

日月的威力

潮汐为什么会出现呢？这是一种名叫“引潮力”的力量在暗中操控。所谓“引潮力”是包括月球、太阳在内的天体对地球海水的引力，以及地球公转而产生的离心力。这两种力量合在一起后，就形成了引起潮汐的动力。在中国，由太阳引起的潮汐叫“太阳潮”，由月亮引起的潮汐叫“太阴潮”。

弱肉强食的海洋食物链

俗话说“大鱼吃小鱼，小鱼吃虾米，虾米吃青泥”，说的就是海洋中的食物链。众多的海洋生物被纳入了这个“吃与被吃”的关系链中，维持着生命的运转与生态的平衡。

食物金字塔

可以把海洋食物链看作是一个金字塔。位于金字塔最顶端的是鲨鱼、鲸鱼等超级捕食者，位于最底层的是渺小但数量庞大的浮游植物。其他海洋生物则位于金字塔的其中一层，在身处层之下的，是它们的食物；在身处层之上的，是它们的天敌。

碎屑的处理办法

除了“吃和被吃”的食物链，海洋中还有一个特殊的食物链——碎屑食物链。碎屑就是海洋生物的食物残渣、粪便、腐烂的遗体等“垃圾”。这种“垃圾”有两个处理办法：被海洋微生物分解吸收，或是被食碎屑的动物吃掉。而食碎屑的动物则会被上一层级的捕食者吃掉，这就形成了碎屑食物链。

缺一不可

假如地球上没有了浮游植物，那么以浮游植物为食的动物就会因没有了食物而消失，继而导致更高等的捕食者灭绝。因此，食物链中的每一个环节都是必然存在的，缺少一个都不行，否则整个生态平衡都会被破坏。

海洋微生物

在海洋中，除了各种看得见的海洋生物，还有许多肉眼看不见的海洋微生物。海洋微生物的种类非常丰富，只是需要在显微镜下才看得清它们的样子。

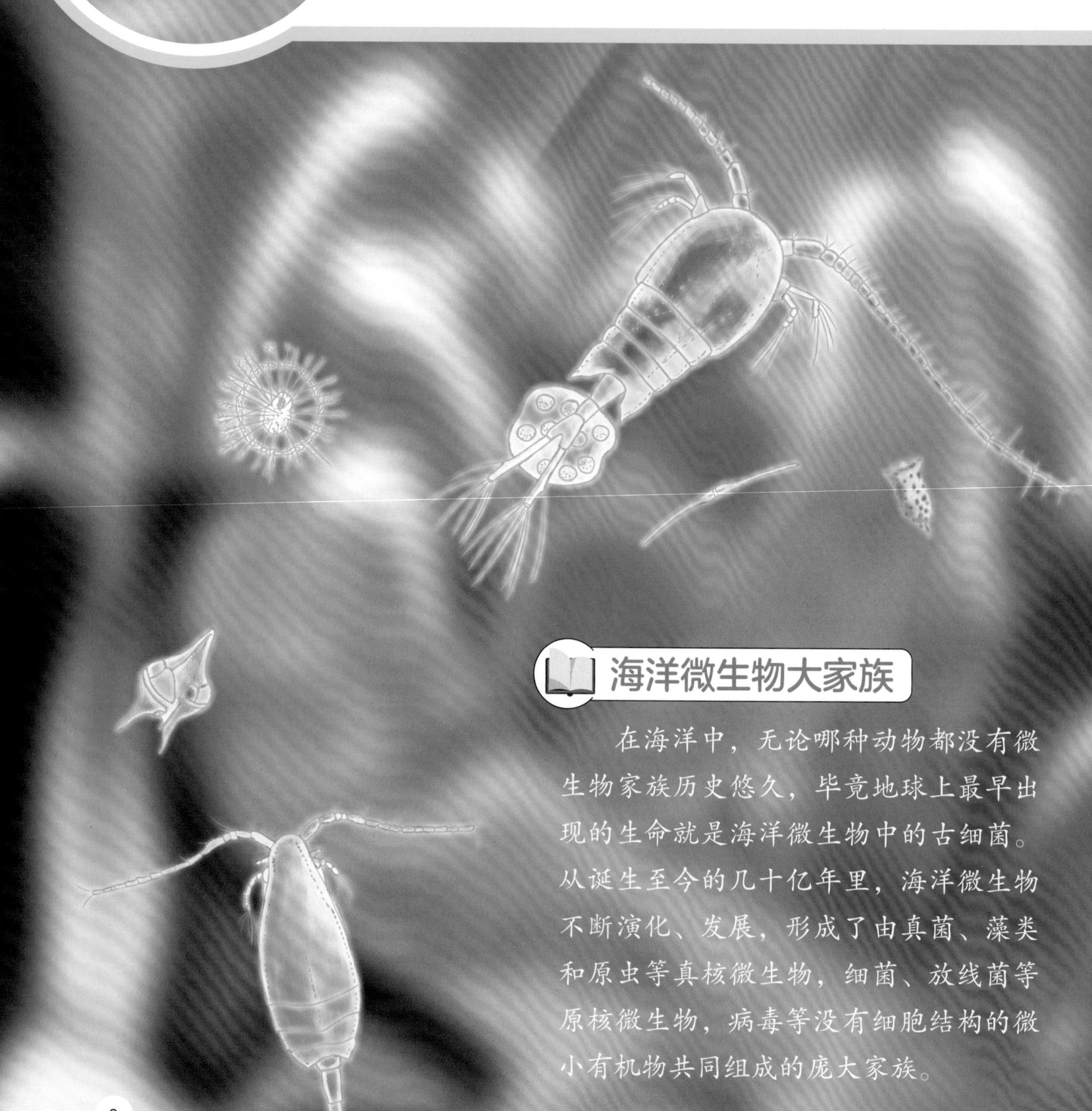

海洋微生物大家族

在海洋中，无论哪种动物都没有微生物家族历史悠久，毕竟地球上最早出现的生命就是海洋微生物中的古细菌。从诞生至今的几十亿年里，海洋微生物不断演化、发展，形成了由真菌、藻类和原虫等真核微生物，细菌、放线菌等原核微生物，病毒等没有细胞结构的微小有机物共同组成的庞大家族。

微小而坚强

别看海洋微生物个体微小、结构简单，但它们生命力却很顽强。大部分生物在高盐、高压、低温、缺少营养的环境中都活不下去，但海洋微生物却能适应得很好，甚至环境越恶劣，它们的生命力就越旺盛。

小不点儿，大用途

海洋微生物虽然个头小，但是作用可不小：海洋微生物可以分解海洋里的有机物，转化成氨、硝酸盐等海洋植物所需的营养；海洋微生物能以超强的适应力和快速的繁殖力来维持海洋生态的平衡；从海洋微生物中提取的毒素、抗生素等物质还可以用来研制药物，治病救人。

潮间带：海陆交替之地

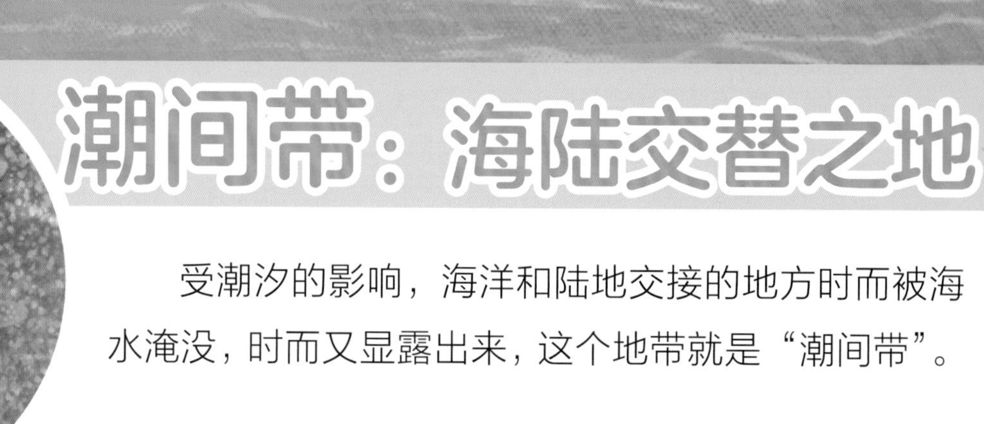

受潮汐的影响，海洋和陆地交接的地方时而被海水淹没，时而又显露出来，这个地带就是“潮间带”。

潮水到达的地方

在海边，潮汐每天都会如约而至。从潮水涨到最高时淹没的地方开始，到潮水退到最低时露出水面的范围，就是潮间带。

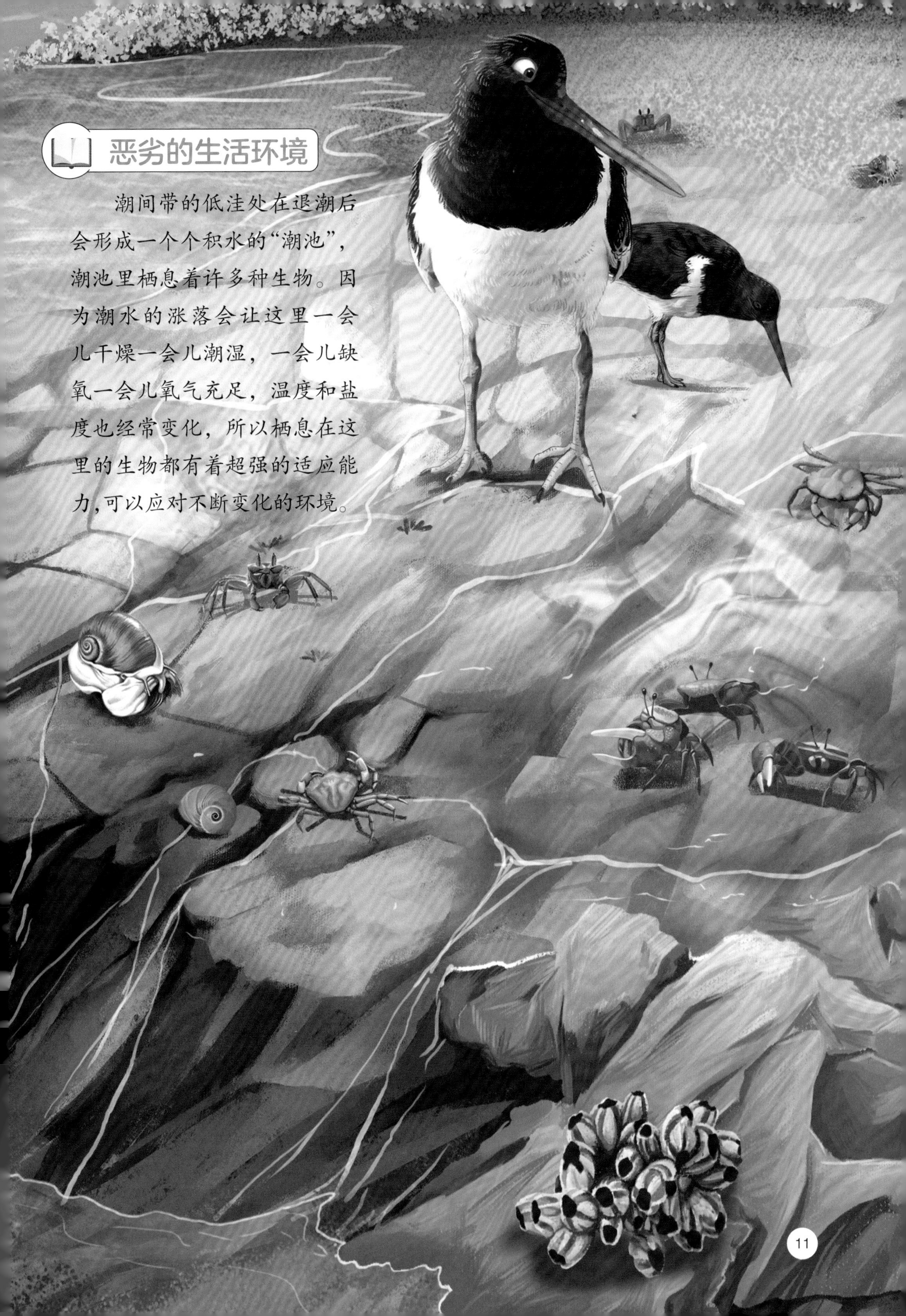

恶劣的生活环境

潮间带的低洼处在退潮后会形成一个个积水的“潮池”，潮池里栖息着许多种生物。因为潮水的涨落会让这里一会儿干燥一会儿潮湿，一会儿缺氧一会儿氧气充足，温度和盐度也经常变化，所以栖息在这里的生物都有着超强的适应能力,可以应对不断变化的环境。

扎根海水的红树林

有一种特别的“森林”，不长在陆地上，反而扎根在海边滩涂里，用发达的根系固定海岸，用茂密的绿冠阻挡风浪的侵袭，这就是有着“海岸卫士”之称的红树林。

健康的秘诀是不吃盐

红树林生长在热带、亚热带地区的海岸潮间带，涨潮时树根会被淹没在海水里，退潮时才显露出来。久而久之，红树林就从海水中吸收了不少盐分。为了健康生长，红树植物修炼出了“泌盐大法”，通过树叶中的泌盐细胞将盐分排出体外。

站稳，呼吸

红树植物伫立在海岸滩涂里，不会被水流冲走，这多亏了气生根的帮忙，它可以帮助红树植物牢牢地抓住土壤。在根被海水淹没时，露在水面的气生根还能帮助红树植物呼吸。

“怀胎”不易

住在海岸边，红树林面临着许多麻烦，例如种子很难在土中扎根，很容易被海水冲走。为了解决这个麻烦，红树植物会把孕育出的种子先留在身上，等到种子长成小苗，再让小苗脱离母树落进淤泥里。一些小苗可以就地扎根生长，还有一些小苗则会随着大海漂流，找到合适的海岸再扎根。

鲎：流淌蓝血的古老生物

作为生命的摇篮，海洋里生活着许多古老的生物，其中就包括有名的“蓝血贵族”——鲎（hòu）。距今4亿多年前，恐龙还没出现的时候，鲎就以与现在相差无几的面貌生活在浅海里了。

四只眼

鲎的身体表面包裹着一层坚硬的甲壳，这让它看上去很像某种甲虫或没腿的螃蟹。鲎长着4只眼睛，其中两只单眼很小，对紫外线十分敏感，可以感知光亮；两只复眼位于甲壳两侧，每只复眼中有若干个小眼，可以让鲎看到的图像更清晰。

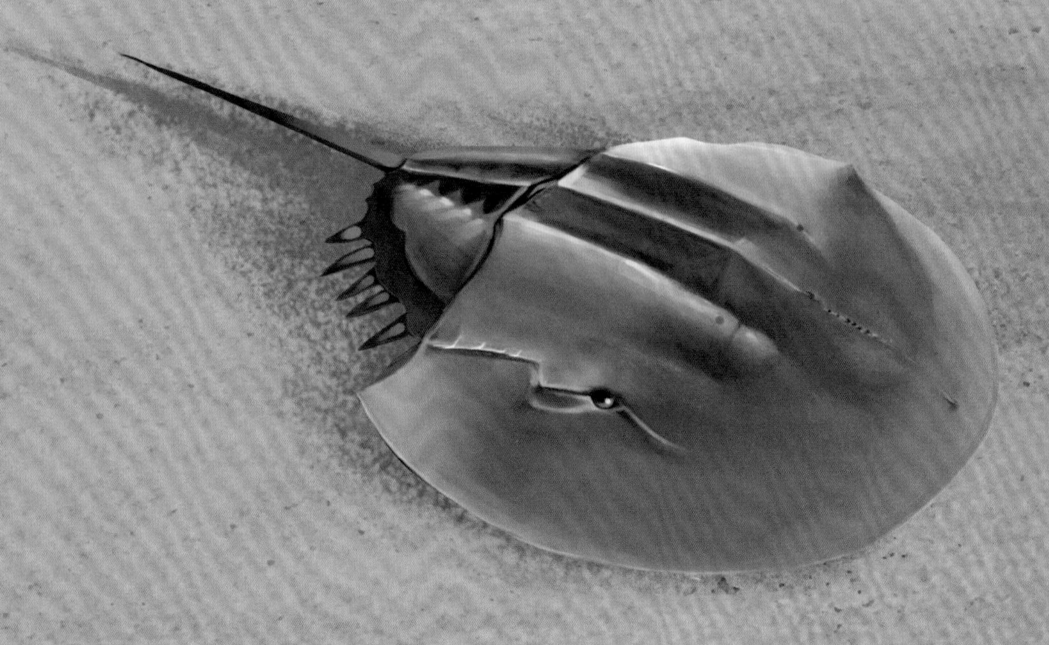

6对“腿”

把鲎的甲壳翻过来，就可以看到它腹面的6对附肢。靠近头端的1对螯肢是鲎的捕食工具，用来捕捉蠕虫、小鱼、小虾等食物。其余5对附肢围绕在鲎的嘴边，可以帮鲎行走,还能把食物剥开送进嘴里。

蓝色血液

人类的血液之所以是红色的，是因为血液中的铁离子和氧气结合后显现为红色。而鲎却有着独特的蓝色血液，因为它们的血液中没有铁离子，而含有大量的铜离子。铜离子和氧气结合后就显现出了蓝绿色。

频繁换家的寄居蟹

看，沙滩上怎么有一个海螺在乱跑？那不是海螺，是寄居蟹！在海边的沙滩上、滩涂中、礁石缝里甚至是树干上，都可以发现寄居蟹的身影。

寄居的原因

寄居蟹的身体很柔软，不像别的蟹类有坚硬的外壳，它们必须找一个壳保护自己才行。寄居蟹有时会直接住进空的海螺壳里；有时也会凶残地把活的海螺或贝类杀掉，再钻进去“鸠占鹊巢”。

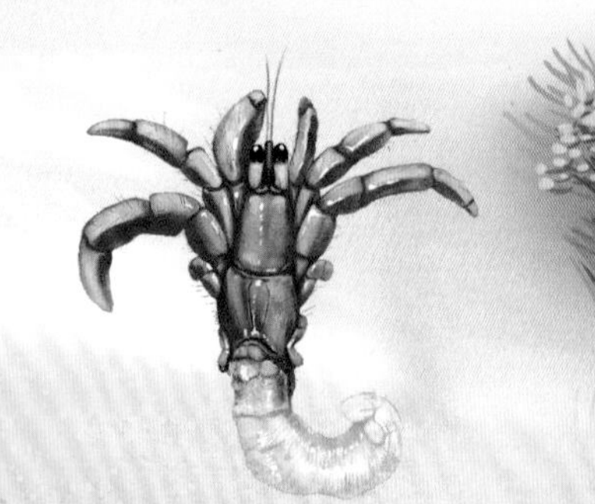

没有壳的寄居蟹

共生“契约”

寄居蟹也不总是待在海岸上，海洋才是它们的家。在浅海，海葵、水螅虫等生物会在寄居蟹的壳上安家，和寄居蟹签订共生“契约”。寄居蟹会带着它们四处移动，让它们可以到处走走，获得更多的碎屑食物；当然，这些盟友也会充当寄居蟹的保镖，帮它们赶走敌人。

找个好家不容易

寄居蟹从小就住在壳里，但因为身体在不断长大，所以寄居蟹必须不断搬进更大、更舒适的新家才行。有时，寄居蟹找不到合适的螺壳，就只能委屈自己寄居在瓶盖或别的物品中。

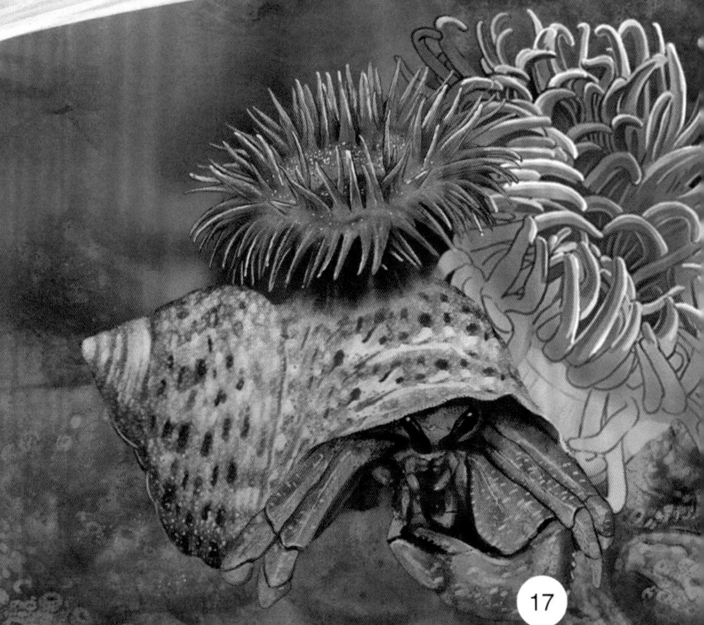

弹涂鱼：离水也能呼吸

俗话说“鱼儿离不开水”，弹涂鱼却很特别，它们的家在潮间带的滩涂里。海水退潮的时候，弹涂鱼可以凭借皮肤和口腔黏膜摄取空气中的氧气，因此可以在陆地上活动一段时间。

爬跳高手

每次退潮时，弹涂鱼就会露出水面，依靠发达、灵活的胸鳍肌在泥滩上攀爬。它们或许会爬到红树林的树干上捕食昆虫，又或许会爬到岩石上晒太阳。有时，弹涂鱼还会用胸鳍支撑身体，用尾巴叩击地面弹跳起来，最远能跳 1 米多呢！就因为这样，弹涂鱼便有了一个外号：跳跳鱼。

无惧缺氧

为了适应缺水的生活环境，弹涂鱼离开水面时会含上一口水，依靠口中的水做短时间的氧气交换，就像游泳时憋气一样。皮肤和尾巴是它们的辅助呼吸器官，浸在水里就能帮弹涂鱼呼吸。

沙滩上的观潮专家——招潮蟹

潮间带上可少不了招潮蟹的身影，它们经常挥舞着前胸的大螯，就像是在和潮水打招呼。

大钳子，小钳子

如果你遇到了雄性招潮蟹，肯定一眼就能把它们认出来，它们有个独特的“名片”：一对很不对称的螯。一只螯特别大，像个大盾牌似的横在胸前；另一只螯却很小，像是没有发育好一样。

招潮为哪般?

雄性招潮蟹时常挥舞着自己的大螯，就像是在朝大海挥手。其实，这个动作并不是在招潮，而是有其他作用。当自己的地盘受到侵犯，雄招潮蟹会摇动大螯向入侵者发出警告；战斗时，大螯是它重要的武器；寻找伴侣时，雄招潮蟹会不断用大螯敲击地面来吸引异性。

浅海与深海

潮间带再往下走，就进入了真正的海洋世界。以200 米为界限，水深 200 米以上是浅海，200 米以下是深海。浅海与深海，有着不同的景象。

明亮的浅海

浅海是海洋的上层，可以接收到充足的阳光，海水明亮又温暖。在这里，植物通过光合作用茁壮生长，为食物链上一层的生物提供食物，维持生态的平衡。

昏暗的深海

阳光的穿透力有限，从200米往下，海洋中光线越发昏暗，海水的压力也越来越大。也许是因为压力太大，光线又太暗，深海生物的模样奇奇怪怪，一些生物还会从自己的身上演化出“照明设备”，这为漆黑的深海带来些许光明。

神秘的海底

深海的环境十分恶劣：高压、高盐、低温……但也有一些生物在这里生活着，比如一些种类的海葵、海绵、海参等底栖动物，以及生活在海底热泉附近的巨型管虫、水螅动物……在深度1万米以上的海底，环境已经极其黑暗了，海洋生物的眼睛已经派不上用场，只能依靠其他器官来感知周围环境。

色彩各异的珊瑚

在阳光充足的浅海，美丽的珊瑚是生物最喜爱的乐园。各色珊瑚如鲜艳的花朵一般盛放，但需要注意的是，珊瑚并不是植物哟！

珊瑚究竟是什么？

珊瑚并不是植物，而是由许许多多珊瑚虫聚集在一起形成的。珊瑚虫是一种微小的腔肠动物，它们能吸收海水中的钙和二氧化碳，然后分泌出石灰石，形成固化的外壳。随着一代又一代珊瑚虫生长、繁衍、死亡，慢慢形成了多姿多彩的珊瑚。

绚丽色彩的秘密

透过波光荡漾的海水，珊瑚看上去五光十色，十分美丽。珊瑚为什么有这么美丽的色彩呢？其实，这都要归功于与珊瑚共生的虫黄藻。虫黄藻在进行光合作用时会为珊瑚提供营养，赋予珊瑚多彩的颜色。珊瑚也会回报虫黄藻，为它们提供居所和养分。

漂来荡去的水母

水母轻盈、空灵，还会发光，是海洋中的“大美人”。不过，可别被它们的美貌迷惑，水母可是很危险的杀手！

水做的身体

水母，听名字就知道，它们的身体里有很多水。没错，水母体内含水量很高，有的水母含水量能达到98%呢。不仅如此，水母身体里还有一些物质牢牢地“锁”着这些水分,不让它们跑出去。

漂浮在水中的水母,就像是一把把撑开的降落伞,这些“伞”的造型五花八门,有大有小,有些“伞盖”下还有流苏似的触手,看上去飘逸又美丽。

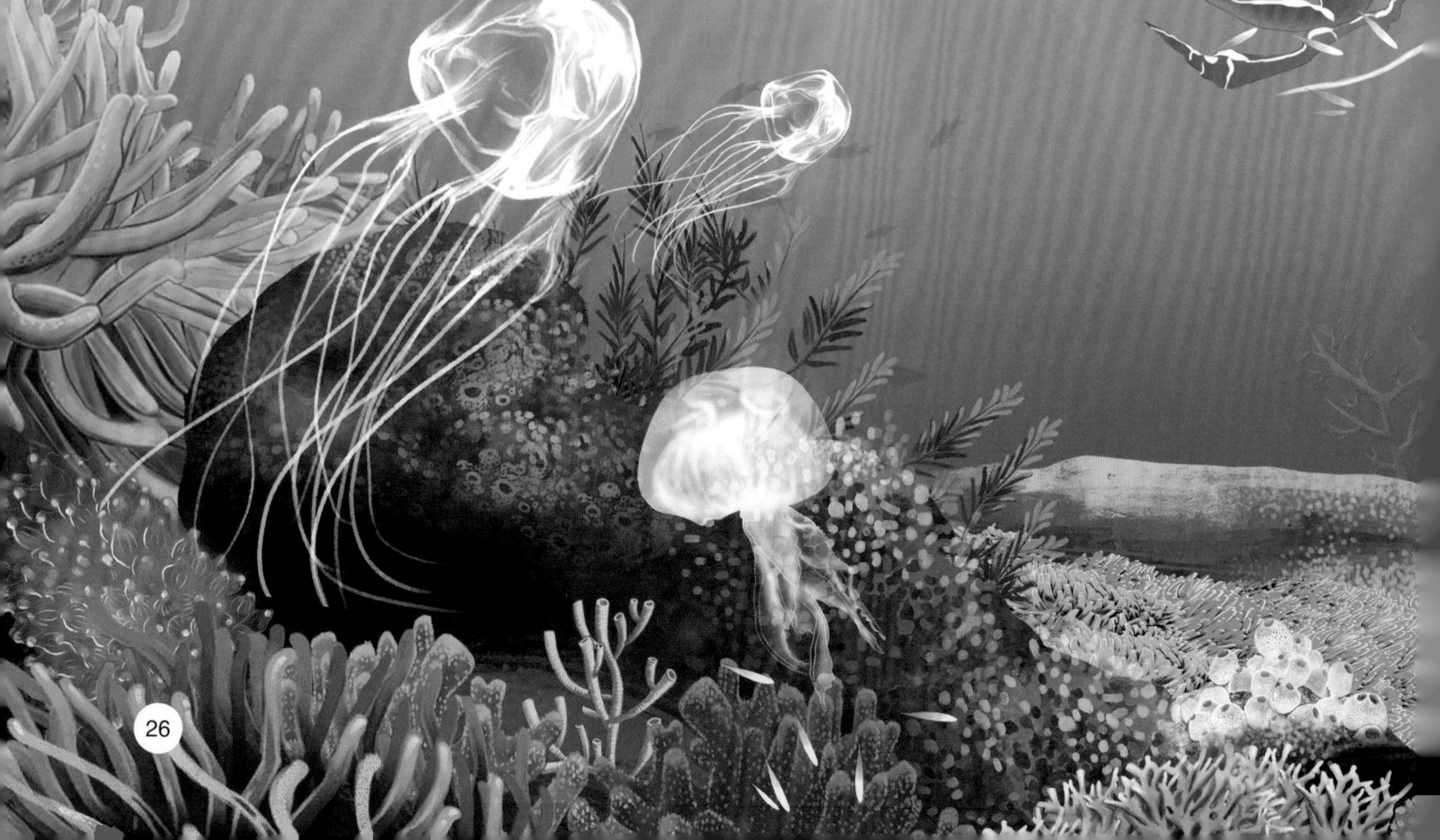

开伞，收伞

水母不擅长游泳，大多数时候都是随着风浪和水流漂浮。当它需要自己移动时，就会张开“伞”吸入足够的水，然后再收起“伞”排出水，借助排水时产生的推力进行移动。有些水母的身体里还有一种特别的腺体，可以释放一氧化碳，让身体膨胀，从而漂浮在海里。

美丽背后的危险

水母真是太美了，它们轻盈地漂浮着，发出梦幻的光芒，真让人沉醉呀！看，很多海洋生物也被吸引过来了。然而，这对它们来说，却是一个错误的决定，因为水母那长长的触手有毒，是非常可怕的武器，很轻松就能让猎物丧命。

粉墨登场的小丑鱼

小丑鱼？它们很丑吗？当然不是，小丑鱼非常可爱，体表鲜艳的色彩让它们很像京剧中的“丑角”，人们才称其为“小丑鱼”。

改变性别

小丑鱼刚出生时都是“男孩子”，等到长大后，群体中个头最大的雄性小丑鱼就会变为雌性。小丑鱼坚持“女主外男主内”，由雌性小丑鱼领导整个族群。如果雌性小丑鱼不幸过世，群体中最大的雄性小丑鱼就会变成雌性，成为新的领导者。

海葵的好朋友

海葵有许多共生的伙伴，但若要论哪个与海葵相处得好，小丑鱼肯定算得上其中之一。小丑鱼身体表面的特殊黏液可以让它们任意穿梭在海葵的触手中，还不会被有毒的触手蜇伤。因此，海葵可以为小丑鱼提供住所，保护小丑鱼不受大鱼的攻击；小丑鱼也为海葵吸引来猎物，还能清除海葵身上的寄生虫和坏死的部分。

威风凛凛的狮子鱼

狮子鱼总是骄傲地伸展着自己长长的毒棘，就像威武的雄狮在展示自己的鬣（liè）毛，仿佛在向周围宣告：瞧，我可不是好惹的！

性情孤僻

狮子鱼虽然叫这个名字，但它并不像狮子那样群居在一起。除了繁殖季节，其他时候狮子鱼都独自行动。如果在捕食时，两条雄性狮子鱼狭路相逢，它们不仅不会合作，还会竖起毒棘赶跑对方。

别惹我，我有毒

又长又坚硬的毒棘将狮子鱼与其他生物隔绝开来，如果有谁胆敢靠近，狮子鱼就尽量张开棘条，让自己看起来很强大，然后用鲜艳的体色警告对方不要靠近。如果这样没用，狮子鱼也不怕，因为即便狮子鱼被对方吞进口中，捕食者也会因为毒棘而无法吞咽，甚至受伤中毒，最终只能把狮子鱼吐出来。

偷袭战术

狮子鱼不擅长游泳，它们常常躲在珊瑚礁里等着猎物自己送上门。瞧，狮子鱼发现了目标，它把胸鳍竖起来，并快速地抖动，这是为了吸引猎物的注意。当发现猎物受到惊吓方寸大乱时，狮子鱼就会一下子收起所有的鳍，一口将猎物吞进肚子里。

提着“灯笼”的深海鱼——鮟鱇

生活在深海的生物仗着周围黑灯瞎火，样貌都长得有些奇怪。鮟鱇就是一个代表，它长得丑，头上还顶着一个发光的“灯笼”。

怪模怪样

鮟鱇的身体宽而扁平，尾巴短小，眼睛无神，皮肤长满褶皱，下颌突出，一张大嘴中立着两排不齐却尖锐的獠牙，这样的外貌真是让人过目难忘。

“灯笼”的诱惑

鮟鱇的头部上方有一个由背鳍延伸而成的“小灯笼”，可以发出荧荧“灯光”。因为深海太黑了，许多鱼会本能地向有光的地方游，鮟鱇就这样利用灯笼吸引小鱼游到自己身边，再一口把它们吃掉。如果被吸引来的是天敌，鮟鱇就立刻把灯笼含进嘴里，趁着黑暗赶紧逃跑。

恐怖海怪——大王乌贼

在北欧的神话传说中有这样一种怪物：它体形巨大，平时潜伏在海底，一旦发怒就会冲上海面，用触手将船拉入海里。这种海怪的原型，也许就是大王乌贼。

巨大且笨重

成年大王乌贼的体长约 12 ~ 20 米，体重约 1 吨。不过可能是因为身体实在太大了，大王乌贼不太会游泳，喷水和划水的能力都很弱。幸运的是，它们能借助浮力，在一定范围的水域中上浮、下潜。

宿敌抹香鲸

要说大王乌贼在海里最讨厌谁，那一定是抹香鲸了。抹香鲸是大王乌贼的天敌，它们一旦遇到，就免不了一番缠斗。抹香鲸会死死咬住大王乌贼的头部，大王乌贼则会缠住抹香鲸的身体，用触手上带锯齿的圆形吸盘给抹香鲸造成伤害。但大多数时候，大王乌贼还是略逊一筹，因此战斗的结果往往是抹香鲸取得胜利。不过，大王乌贼有时也会堵住抹香鲸的喷水孔，让抹香鲸窒息而死。

极地海洋世界

在地球南北两端的极地，海洋有着独特的风光。不论是以北极点为中心的北冰洋，还是环绕南极大陆的南大洋，海面上都覆盖着终年不化的冰雪，仿佛被轮回的四季遗忘了似的。

白色海洋

北冰洋是地球上最小的大洋，甚至没有太平洋的十分之一大。除此之外，北冰洋也是最冷的大洋，大部分洋面常年冰冻，时常遭遇暴风雪，所以北冰洋也被称为“白色海洋”。

冰雪动物王国

虽然北冰洋这么冷，但还是有许多动物生活在这里，并在这里形成了一个特别的“冰雪动物王国”。北极熊、海豹、海象、一角鲸、鳕鱼等动物让这里有了生机。

受争议的南大洋

在地球的最南端，有一片被冰雪覆盖的大陆，那就是南极大陆。环绕南极大陆的海洋在2000年被国际水文地理组织确定为一个独立的大洋——南大洋。但对比大洋的定义，南大洋没有被大陆隔开，也没有对应的中洋脊，因此南大洋的大洋身份还没有被学术界广泛承认。

南极生灵

南极是真正的极寒之地，海豹、企鹅、磷虾、冰鱼、蓝鲸……这些“抗寒勇士”让南大洋变得热闹喧嚣，生机勃勃。

一角鲸：海中独角兽

海洋中有这样一种动物，它们头上长着长长的尖角，被认为是独角兽的化身。它们就是一角鲸。

冲破头顶的牙齿

一角鲸的“角”可不是“犄角”，而是露在外面的长牙。一角鲸在一岁以前头顶上并没有长牙，只在上颌长着两颗犬牙。当一角鲸长到一岁时，上颌左侧的牙齿会突出唇外，长成螺旋状长牙。

“角”斗

长牙是一角鲸与同类争斗时的武器。两条雄性一角鲸相争时会用长牙相互戳打，长牙相撞发出的声音如同长枪、棍棒在猛烈击打。这是一场正规的“角”斗赛，比赛的最终胜利者，将成为领导者。

越老越白

一角鲸刚出生时，背部有许多深褐色的斑点，腹部为白色。随着一角鲸渐渐成年，它们的皮肤颜色会越来越浅。等到了老年时期，一角鲸的体色几乎变成了白色。如果没看到长牙的话，人们很可能会把老年一角鲸错认成白鲸。

吃什么?

一角鲸擅长潜水，喜欢吃鳕鱼、虾和深海的大比目鱼。它们捕食时，会用有力的唇和舌将猎物吸入口中，然后整个吞下。

极地“食品库”——磷虾

听名字，再看它的外表，人们都会认为磷虾是虾类大家族的成员。但其实，磷虾不是虾，只能算是虾的亲戚。

一目了然的身体

虽然不是虾，但磷虾有着和虾相似的身体结构，不同的是，磷虾的身体是透明的。透过磷虾透明的身体，我们可以清晰地看到它的心脏、食道等器官，以及能发出点点磷光的发光器。

洄游集团

一只磷虾很容易被吃掉，因此磷虾常常聚成一大群集体洄游。从海面上看，这个庞大的集团宽约几百米，几乎填满了方圆几里的海面。到了夜晚，这样的景象就会变成空灵又梦幻的蓝色波光，荡漾在海面上。

牺牲小我，喂饱大家

无论是陆地上的企鹅，还是海洋里的鲸鱼，抑或是飞在天空中的海燕，南极的动物几乎都会捕食磷虾，以此来维持生存所需的营养和能量，因此磷虾有了“极地食品库”的美称。也许在未来，由磷虾做成的美味佳肴会成为人类餐桌上必不可少的食物。

海中老寿星——海龟

如果有人问什么动物寿命最长，你也许会想到海龟。是啊，海龟可是动物界的老寿星，它们甚至能活到 150 多岁呢。

它和陆龟不一样

海龟和陆龟长得可不一样，为了适应大海，海龟的四肢变得像船桨一样，这样一来它就能在海中自在地游动了。不仅四肢不同，海龟和陆龟的龟壳也不一样。陆龟的头和四肢能缩进龟壳里，危险来临时，它就会赶紧藏起来。海龟可没有这个能力，遇到敌人，它就只能勇敢地面对了。

没有牙齿也能吃

海龟没有牙齿，但它们却有鹰一样锐利的嘴，可以撕开、碾磨螃蟹、水母等食物，还可以从珊瑚缝隙中找到小虾和乌贼。不仅如此，有些海龟食道里还长着锋利的尖刺，这些尖刺让猎物无法挣脱，还有助于消化食物。

在岸上孵化

海龟虽然生活在海里，但是每到繁殖季节，海龟妈妈却总不嫌麻烦地回到海滩。上岸后，海龟妈妈会找一个合适产卵的地方，挖一个洞穴，然后把乒乓球一样的蛋产在里面，借助太阳的光热或落叶腐化时释放的热量来孵化小海龟。海龟妈妈不会等小海龟出生，它们产完蛋后，就会独自爬回海里。大约等 2~3 个月后，海龟宝宝就会破壳而出，成群地爬回大海。

壮观的海洋大迁徙

在海洋里，有许多动物会在浅海与深海、海洋与河流之间洄游，或是随着季节的变化，从一片海域迁徙到另一片海域。不论这些动物游到哪里，它们的目的都是为了生存与繁衍。

长距离游泳健将——金枪鱼

金枪鱼因为鳃肌退化，所以必须张着嘴不停地游动，通过水流经过鳃部来获取氧气。它们一旦停止游动，就会因缺氧而窒息死亡。因此，金枪鱼一生都在不停地游动。每年，为了繁殖、索饵，金枪鱼都会进行上万里的洄游。

红鲑：洄游生宝宝

秋季，红鲑会成群结队，从海洋溯洄而上，长途跋涉2000多千米，回到淡水河流中产卵。鱼卵孵化后，红鲑幼鱼会溯游而下，由河流再返回到海洋中。

沙丁鱼的危险迁徙

每年的 5~7 月，南非沙丁鱼都会沿着南非大陆东岸向北迁徙。这是一支浩浩荡荡的队伍，有数十亿的南非沙丁鱼参加这次迁徙，难免会吸引虎视眈眈的捕食者。海豚、鲸鱼、鲨鱼、鲣鸟……捕食者齐心协力攻击沙丁鱼集团，进行一场饕餮盛宴。

往返于两极的北极燕鸥

北极燕鸥出生在夏季的北极，当北半球进入秋天，它们就会踏上飞往南半球的旅途，去南极再过一次夏天。这是一段极其漫长的迁徙旅途，里程长达 4000 多千米。每年，北极燕鸥都会在两极往返，度过两个夏季。

座头鲸：冷热交替

座头鲸每年都会进行南北洄游，它们在夏季洄游到冷水海域觅食，冬季游到暖水海域繁殖后代。在出发去暖水海域前，座头鲸会先吃饱再上路，洄游期间不再进食。

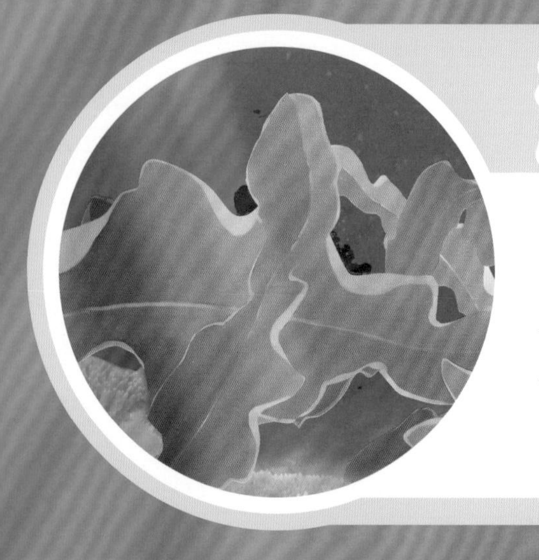

海带真美味

海带在海中随波飘摇，就像一条条墨绿的绸带。人们食用海带的历史悠久，现在海带已经成为餐桌上十分常见的食物。

家住低潮线

海带生长在海边低潮线以下、水温较低的浅海水域。和陆地上的植物不同，海带没有根，主要依靠底部的固着器附着在岩石上生长。

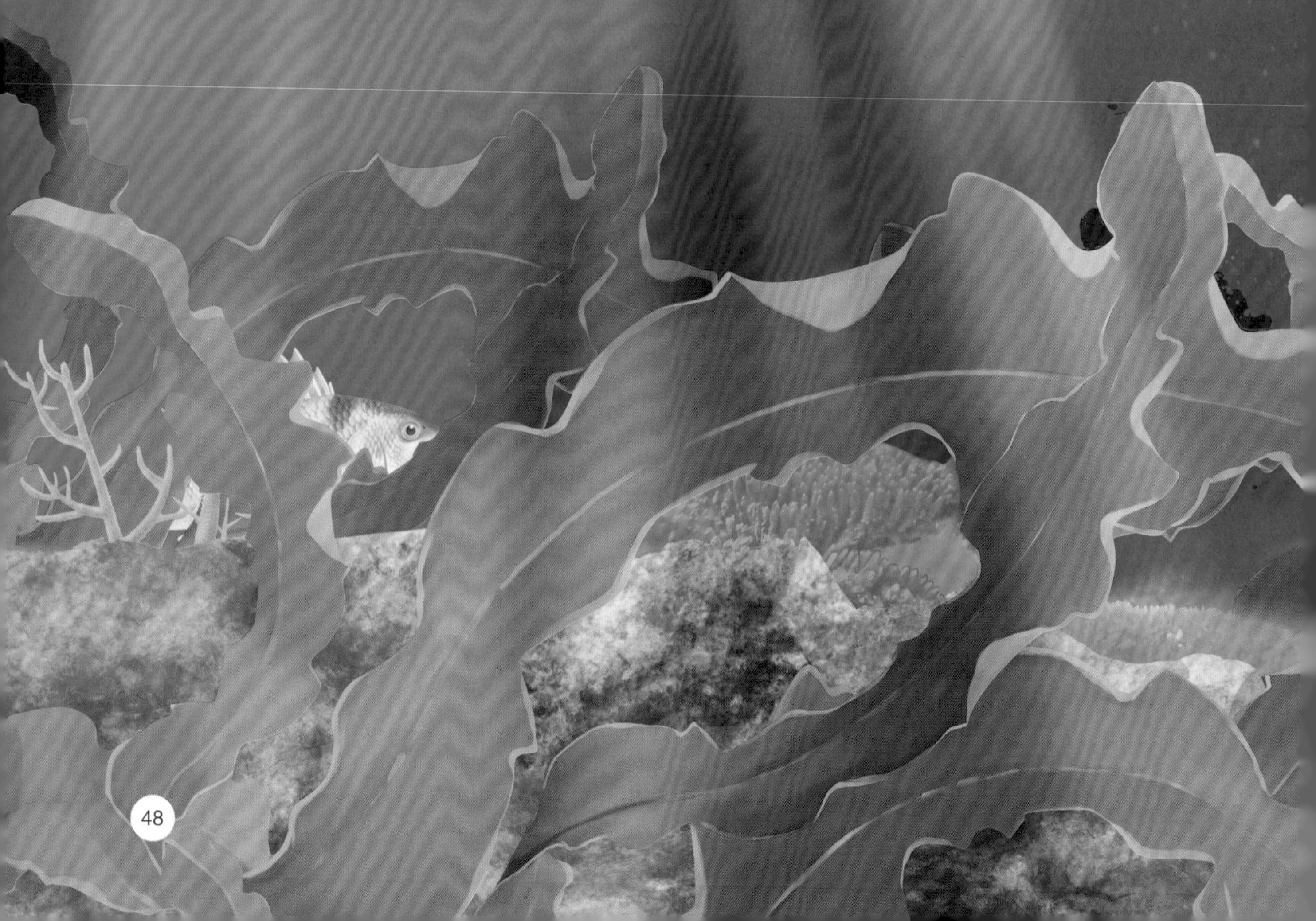

好吃又健康

人的巧手可以把海带烹饪成各种美味佳肴，令人在获得味觉享受的同时吸取海带中的丰富营养。据研究，海带中含有蛋白质以及碘、牛磺酸、甘露醇等多种营养元素，而且它脂肪含量低，还有降低血压、血脂，预防甲状腺肿的功效。

海里药材多又多

海洋像一个巨大的“医药宝库”，“宝库”中的许多生物都可以作为药材医治疾病。现在，让我们认识几种来自海洋的药材吧！

宝贵的珍珠

从海洋生物体内提取的代血浆

很多软体动物都可以分泌珍珠质，将不起眼的沙粒包裹其中，“磨”成美丽的珍珠。成粒的珍珠是人们喜爱的装饰品，而磨成粉的珍珠则是宝贵的药品。珍珠粉中富含蛋白质、牛磺酸以及多种氨基酸，可以用来调节中枢神经系统，治疗失眠、心血管疾病等病症，也可以用来美容养颜、舒缓压力。

抗病毒卫士

海蛞蝓、海参、章鱼、虾、海鞘等海洋生物都是医学界公认的“抗病毒卫士”。研究表明，从它们身体里提取的一些物质，具有缓解和治疗癌症和肿瘤的作用。例如，海鞘体内的环肽类化合物，能抑制多种病毒繁殖、增长。

贝壳疗效好，鲍鱼肉味道佳

九孔鲍是一种名贵的鲍科动物，肉质鲜美，富含蛋白质、钙、铁、维生素A等多种营养物质，被誉为“海味之冠”。不仅如此，九孔鲍的贝壳还被用作中药材，叫石明决。具有滋肾镇肝、明目除热的疗效。

海盐：海水晾干的产物

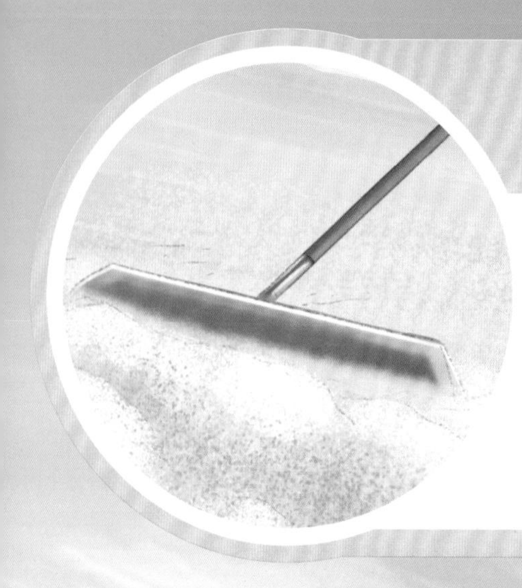

海水又苦又咸，不能直接饮用，但从海水中提取的海盐却能用来烹制美味佳肴。可要如何获取海盐呢？有一种看似简单却工艺复杂的办法，那就是：晒！

悠久的历史

很久以前，勤劳的中国人就已经掌握了通过蒸煮海水获取海盐的方法。到明朝时，“煮海为盐”的方法逐渐被废弃，取而代之的是在滨海开辟盐田，通过晾晒海水获取海盐。虽然人们后来又掌握了新的制盐方法，但盐田法一直沿用至今。

复杂的工艺

盐田法工艺复杂，制作周期长。在筑坝并开辟好盐田后，制盐需要经历四道工序：第一道工序是“纳潮”，利用潮水涨落把高盐的海水引入盐田；第二道工序是“制卤”，太阳晒啊晒，把盐田中的海水晒成卤水；第三道工序是“结晶”，卤水饱和，析出原盐；最后一道工序“收盐”，把盐粒收集起来，然后再进行后续加工。

鲜咸有营养

海盐又咸又鲜，还富含微量元素，因此海盐既能丰富食物的味道，又能帮食用者补充微量元素。

海浪是能源

在一望无际的海边，我们经常能看到翻滚的海浪一往无前地袭来，狠狠地拍打在岩石上，粉碎成雪白的浪花。看到这样的景象，不知道你有没有想过，海浪究竟是什么呢？

海浪的“真面目”

当风吹过“平静”的海面，常常令海面此起彼伏，泛起阵阵波纹，这就是海浪。通常情况下，海浪是由风的吹动产生的，也就是俗话讲的“无风不起浪”。但俗话也说“无风三尺浪”，原来，海浪形成后，还能传到其他海域，所以虽然没有风却有“三尺浪”。此外，在无风的情况下，海面也会在天体引力、海底地震、火山爆发、大气压力变化和海水密度分布不均等内因和外因的影响下，形成海啸、风暴潮等巨大的海浪。

海浪有哪些？

海浪按照成因、周期等因素可以分为风浪、涌浪和近岸波。风浪由风直接催动产生。当风浪涌出风吹的区域后仍会惯性运动，波形变得平缓有规则，这就形成了涌浪。风浪和涌浪在前行的过程中难免会遇到海岸的阻挡，它们无法绕过，只能迎岸而上，与海岸碰撞出破碎的水花、翻卷的水流，再倒流回去循环往复，这就是近岸波。

是灾难也是机遇

海浪会带来灾难，高强度的海浪能掀翻海上航行的船只，冲毁海岸的堤坝，破坏渔业捕捞和海上施工等。但海浪也具有极大的能量，是一种潜在的清洁能源。如果能合理地开发利用海浪，那么人类将收获巨大的经济效益。

可以燃烧的“冰”

水与火向来不相容，二者相遇，不是水把火浇灭，就是火让水蒸发。就算水变成了坚硬的冰，碰到火时也会被烧回“原形”。可是有一种“冰”在遇到火时不会融化，而是会像燃料一样熊熊燃烧起来，它就是“可燃冰”。

像冰但不是冰

可燃冰是天然气水合物的俗称，是天然气和水在中高压、低温条件下结合而成的晶体。它看起来像冰，但却不是冰。

巨大的价值

可燃冰杂质少，燃烧时几乎不产生污染，是一种十分清洁的能源。在常温、常压的条件下，1 立方米的可燃冰可以转化成 0.8 立方米的水和 160 多立方米的可燃性气体。专家分析，如果充分开采，海底的可燃冰足够人类使用 1000 年。如果我们能开采利用可燃冰，那么就能缓解全球能源紧张的问题。

可燃冰在哪里?

可燃冰在世界范围内广泛存在，在自然界，它主要赋存于深水（水深大于 300 米）沉积物和永久冻土带中。据估计，陆地上 20.7% 和大洋底 90% 的地区，具有形成可燃冰的有利条件。1965 年，人们在西伯利亚发现了可燃冰；之后在中国南海、东海海域也有发现。人类面临的问题是，如何把储量惊人的可燃冰开采出来，并合理利用。

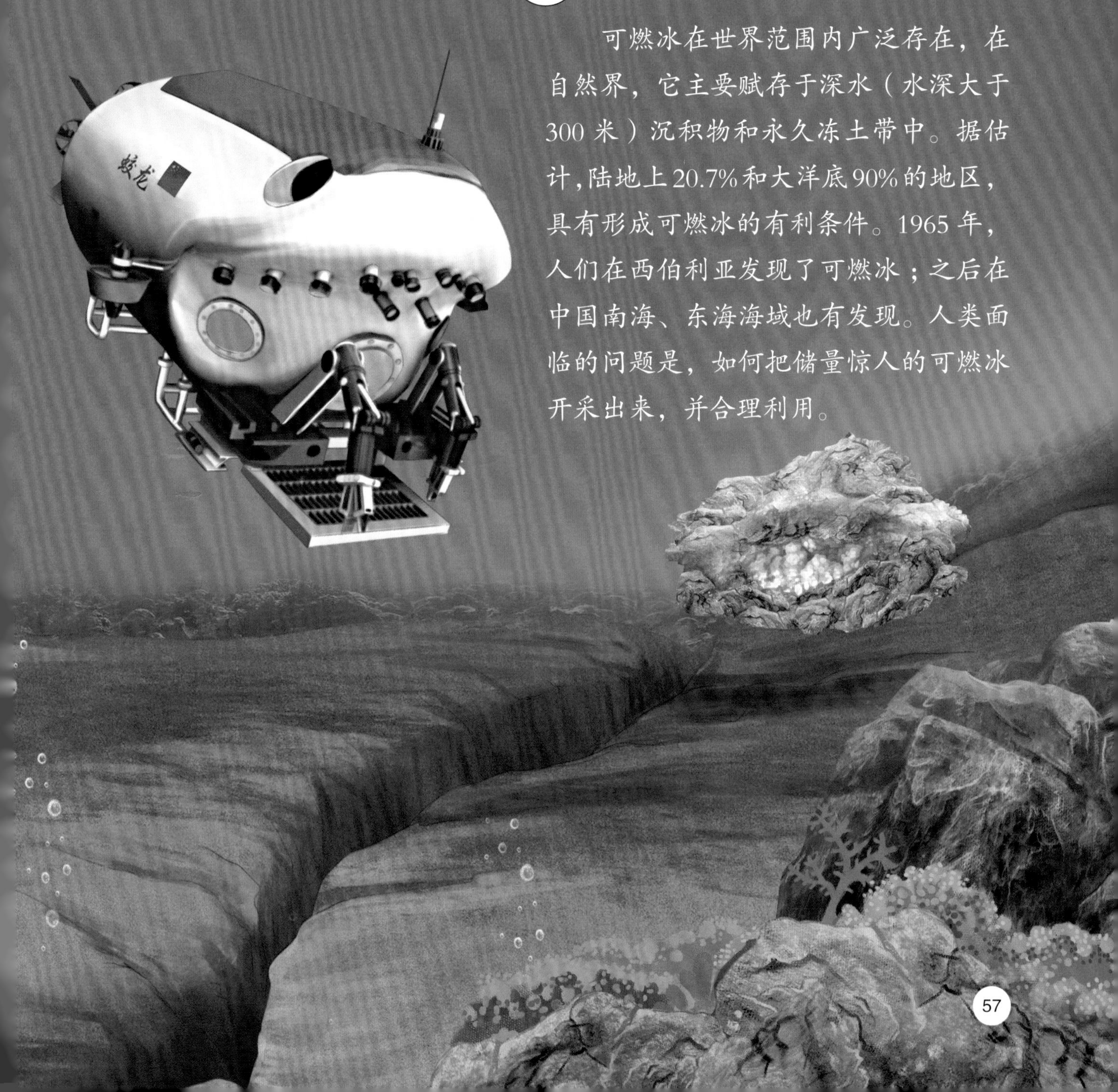

生生不息，多金属结核

海洋就是一个大型的矿物“宝库”，其中大多数矿物形成过程缓慢，总有一天会被开采殆尽。但有一种资源，名字叫多金属结核，它不仅储量大，还能不断生长，每年就能增长 1000 万吨。

有内涵的“黑土豆”

多金属结核黑黝黝的，就像被烤焦的土豆。“土豆”里含有 30 多种元素，包括陆地上紧缺的锰、铜、钴、镍等矿物。

怎么形成的？

多金属结核是怎么出现在海里的呢？有人认为是海水中的金属缓慢地分离出来，沉淀成了结核体；有人认为是火山喷发出的岩浆形成了多金属结核；还有人认为是海底热泉喷出热液时将锰离子等喷了出来，形成了结核。至于真正的成因，还要人们继续研究探索。

有了多金属结核，我们可以……

只要能开采出多金属结核，我们能用其中的锰制造锰钢，用镍制造不锈钢，用钴制造特种钢。多金属结核中的钛还有“空间金属”的美称，可以应用于航空航天工业中，制造飞船、火箭的零部件。

流动的海底黄金——石油

现代生活中最不能缺少的能源之一就是石油，它是“工业的血液”，也是流动的“液体黄金”。

石油是如何形成的?

一些人认为石油是由地壳内的碳转化而成的，是一种可再生资源。而大多数人认为，石油是远古海洋、湖泊里的生物体在地球漫长的演化历程中沉积转化而成，是一种不可再生的能源。因为不可再生，所以一旦石油资源枯竭，那人类的生产、生活都将面临重大危机。

如何勘探海底石油？

想要勘探海底石油，首先要确定哪里有古海洋或古湖泊盆地，盆地的凹陷处通常就是油气蕴藏的地方。接下来要寻找地质圈闭，也就是能让油气聚集到一起而不会运移到别处的地方。在找到地质圈闭后，就可以进行钻探了，以确认此处是否蕴藏着油气。如果探井获取到了油气流，并且油气流显示这里有工业开采价值，那么恭喜你，你找到了油田！

海啸，铺天盖地

蔚蓝的海洋让人心驰神往，但海洋灾害又让人感到敬畏、惧怕。尤其是海啸铺天盖地袭来时，人们都恨不得离海洋远一点，再远一点。

根源在海底

海啸的真面目是一种破坏性海浪，它之所以会发生，主要是因为海底的火山喷发、地震等地质运动引起了海面大幅度涨落。海浪快速地向海岸进发，而且变得越来越高，最终形成了杀伤力巨大的“水墙”。

巨大的灾难

海啸一旦袭来，就会给沿海地区造成极大的灾害。汹涌的巨浪会吞没沿岸的一切，造成人员伤亡和财产损失。近海的珊瑚礁、红树林等也会遭到破坏，致使许多海洋生物大规模死亡。当海啸退去，沿海的设施都已被海水冲毁，被海水淹过的田野因为吸收了过高的盐分而流失营养，人们要耗费很大的人力、物力和财力，才能完成灾后重建工作。

海上风暴，来势汹汹

当天气预报说，一个大型气旋在热带或副热带的洋面上不断旋转时，住在沿海地区的人们就要小心了，也许一场巨大的海上风暴就要袭来了！

风暴之舞——台风

当热带或副热带地区的海洋海水温度升高，水蒸气不断蒸发上升，逐渐形成一个逆时针旋转的气旋。气旋不断增强能量，形成了可怕的台风。在大气的支配下，台风会按照特定的路径移动，让沿途的一切陪自己共赴一曲激烈的“风暴之舞”。

风暴潮：台风的“并发症”

台风过境会给沿海地区带来狂风暴雨，还有可能叫醒另一个怪兽——风暴潮。当风暴潮出现，海面就会异常升高，甚至形成滔天大浪。到那时，海岸将被淹没，码头会被冲毁，沿岸城镇也会遭到恶浪席卷，人和动物都会受到严重的伤害。

有害亦有利

台风无疑会给沿海地区造成严重的损失，但从另一方面来说，台风带来的降雨也能给地球补充淡水资源，缓解某些干旱地区的旱情。

海冰也有害

海水也会结冰，被冰封的海洋很美，就像一望无际的冰原，但海冰有时也是一种海洋灾害。

咸味冰层

海冰是由海水冻结而成的咸水冰。但如果你尝一尝它的味道，就会发现它没有海水那么咸，这是因为大部分盐分已经在海水结冰时被排了出去，留下的小部分盐分以卤汁的形式存在冰晶之间的空隙中，形成盐泡。

又爱又恨

海冰看起来很美，也很壮观，它在结冰的过程中会把海洋底层富含营养的海水输送到海洋表层，促进生物的繁殖，因此，结冰的区域时常有着丰富的渔业资源。不过，大面积的海冰会封锁港口和航道，阻断海上交通，毁坏船只和海洋工程设施，所以海冰有时也很令人讨厌。

“破冰”行动

为了恢复海上航行，人们想出了几个办法：一是用破冰船顶破碎冰层，开出一条航道；二是先倒船，再猛地加速，将冰层撞开；三是调整船舱内部的水，利用水的重量压碎冰层。除此之外，还有几个“热门”方法，比如向冰面撒煤炭，借助煤炭吸收阳光的热量融化海冰；或是直接扔出炸药，炸出一条航路。

在海雾中迷失

海洋的“脾气”阴晴莫测，有时风平浪静，有时又蒙上一层浓浓的雾影，让人看不清它的模样，也让航行的人迷失方向。

海雾朦胧

当海洋上空的低层大气中有大量水滴或冰晶聚积，就会形成朦胧的海雾。海雾笼罩下，烟波浩渺，如梦如幻，但这美丽的场景也让海上的船只“迷了眼”。如果有海风吹过，海雾就会跟着海风到处移动。有时，海雾还会登上陆地，弥漫十几天后消散，或是变成低空中飘荡的云。

海雾的种类

按照成因和生成过程，海雾可以分为平流雾、混合雾、辐射雾和地形雾，其中最常见的是平流雾。平流雾又可以分为两种，一种是平流冷却雾，是暖气流中的水汽在海面冷却凝结成的雾；另一种是平流蒸发雾，是海水不断蒸发，空气中的水汽饱和形成的雾。这两种平流雾都会在春夏季节出现，笼罩大面积海域。

恶劣的影响

海雾让人看不清远处的海面，这就会直接影响海上的交通运输、渔业捕捞和海洋开发工程以及军事活动等，许多船舶的交通事故也是因为海雾造成的。因此沿海地区的人们要随时注意海雾预报，尽量避开它。

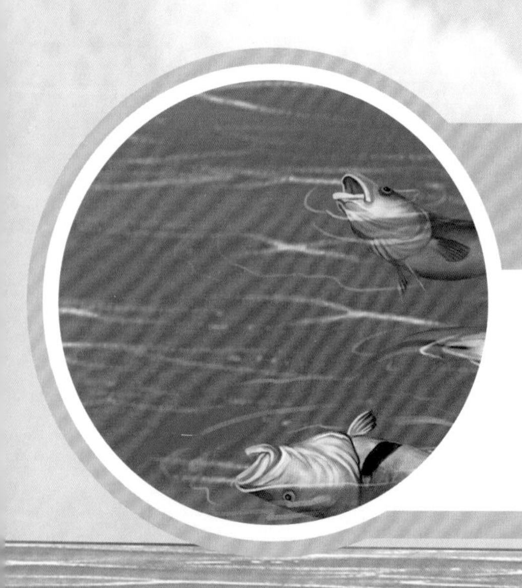

红色幽灵——赤潮

天哪！蔚蓝的海水怎么被染成了红色，还散发着一股腥臭味？糟糕，这是“红色幽灵”赤潮缠上海洋了。

引发赤潮的凶手——赤潮生物

当海水中出现过多的营养物质时，浮游生物不停地生长、繁殖，数量实在太多了，就引起了海水变色，这就是赤潮。在海洋中，能引起赤潮的浮游生物有180多种，包括藻类、原生动物和细菌。但赤潮生物并不是只能让海水变红，有的赤潮生物会让海水变黄、变绿或变成褐色。

死亡之红

赤潮生物会分泌黏液，鱼虾游荡其中，很容易被堵住呼吸用的鳃，最终窒息而亡。有的赤潮生物含有毒素，吃掉它们，海洋生物就会中毒死亡。不仅如此，当大量赤潮生物死亡，它们的尸体在分解过程中会消耗海水中溶解的氧，导致周围海水缺氧，让发生赤潮的海域笼罩着死亡的阴影。

人类要负责

赤潮的出现，人类要承担主要责任。工业废水和生活污水大量排放到海里，水体因营养盐含量过多而失去平衡，浮游生物疯狂生长繁殖，造成海洋污染，形成赤潮。

海洋生物，入侵！

每种海洋生物都有固定的生活区域，通常情况下它们只在自己的地盘活动。可有时，一些海洋生物会入侵其他水域，给当地的“居民”带来“灭顶之灾”。

非本愿的入侵

海洋生物在自己的海域待得好好的，为什么会入侵其他生物的地盘呢？其实它们也不是自愿的，而是人为因素或自然环境的变化导致的。有的入侵生物是人类为了发展经济或科学研究特意引进的；有的是附着在移动的船舶上，无意间入侵其他水域的；还有的是人类开通的运河联通了两片海域，从而扩大了海洋生物生长环境的范围导致的。

毁灭性的灾难

一片海域一旦遭到外来生物的入侵，这里的“原住民”就会面临毁灭性的灾难。“侵入者”没有天敌，会在入侵海域里不可遏制地繁殖，并且疯狂掠夺这里的食物，同时它们携带而来的寄生虫和病原体也会大量繁殖，“原住民”由于体内没有相应的抗体，很容易生病死亡。

被侵蚀的海岸

海岸每天都被波浪拍打，被海风吹拂。在长久的侵蚀下，风浪就把海岸塑造成了各种各样的形态，宛若巧夺天工的艺术品一般。

自然之力的塑造

身为“世界上最伟大的艺术家”，大自然用风、浪、潮、流这四大侵蚀力量对海岸进行“雕塑”。海浪的侵蚀是最主要的力量，每一次海浪冲上海岸又退去的瞬间，都会让海岸岩石裂隙里的水和空气急剧压缩、膨胀，导致岩石破碎，岩壁剥落。海浪携带的碎屑物质又会磨蚀海岸，源源不断的流水则会溶解并带走岸边的沙砾，久而久之，海岸就被塑造成了各种模样。

人为的影响

除了自然之力，人类活动也在影响着海岸的模样。建在河流的水库、塘坝等水利工程拦截了大量入海泥沙，海岸的泥沙得不到补充，加剧了海岸侵蚀……我们可以感叹侵蚀海岸的壮观与奇异，但如果海岸被严重侵蚀，就会造成沿岸土地流失，海岸线后退，海平面上升，海水倒灌，海岸土壤盐渍化……沿海的码头、港口、公路等公共设施都会面临威胁。

保护海洋，势在必行

海洋为人类提供了生存所需的食物和各种资源，但环境污染、过度捕捞以及无限制的开发让海洋满目疮痍。人类反馈给海洋的恶臭污水与垃圾，让海洋“伤痕累累”……这样下去，人类必将自食恶果。因此，我们必须行动起来了。

要怎样做，才能保护海洋？

世界很多国家和组织都制定了相应的法律法规，来约束个人和企业的行为。许多国家还根据本国的具体情况，设立了海洋保护区，来保护海洋的生态系统。最重要的是，我们每个人要约束自己，不在海边乱扔垃圾，尽量不使用塑料制品，自发地清理海洋垃圾，通过力所能及的小事保护海洋。